春雨惊春清谷天，
夏满芒夏暑相连。
秋处露秋寒霜降，
冬雪雪冬小大寒。

二十四节气·冬

金鼎文博 / 文　瞳绘视界 / 绘

吉林大学 出版社

图书在版编目（ＣＩＰ）数据

二十四节气·冬 / 金鼎文博文；瞳绘视界绘 . --
长春：吉林大学出版社，2017.9
ISBN 978-7-5692-1213-6

Ⅰ . ①二… Ⅱ . ①金… ②瞳… Ⅲ . ①二十四节气—
青少年读物 Ⅳ . ① P462-49

中国版本图书馆 CIP 数据核字（2017）第 275335 号

二十四节气·冬
ERSHISI JIEQI · DONG

著　　者：金鼎文博　文　瞳绘视界　绘
策划编辑：魏丹丹
责任编辑：魏丹丹
责任校对：邹燕妮
开　　本：787mm×1092mm　1/16
字　　数：20 千字
印　　张：2.25
版　　次：2018 年 1 月第 1 版
印　　次：2018 年 1 月第 1 次印刷

出版发行：吉林大学出版社
地　　址：长春市人民大街 4059 号（130021）
　　　　　　0431-89580028/29/21
　　　　　　http://www.jlup.com.cn
　　　　　　E-mail:jdcbs@jlu.edu.cn
印　　刷：天津泰宇印务有限公司

ISBN 978-7-5692-1213-6　　　　　定价：28.00 元

冬天到了，天气渐渐冷起来。屋里生起了炉火，人们围坐在火炉旁，一起吃香喷喷、热乎乎的烤红薯。孩子们穿上了厚厚的棉衣，盖上了新棉被，好暖和呀！

下雪了。妞妞好奇地伸出手，想接一片雪花，看看它究竟是什么样子的，还没看清楚，雪花就已经慢慢地融化在手心里了。

"小雪腌菜，大雪腌肉。"大人们趁着严冬，忙着腌制年肴，腌白菜，做腊肉，等到春节时正好享用美食。

　　寒冷的冬天，最有意思的当然是在一场大雪之后，打雪仗、堆雪人。鸟儿看到美丽的雪景，忍不住落在雪地上用爪子作画，一片又一片，像竹叶，像梅花……还像什么呢？

立冬

　　天气越来越冷了，大地冻得结结实实的，河面逐渐有了薄薄的冰层，树上的叶子都落光了。田野里，很少再见到奔跑的小动物，只有不怕寒冷的麻雀、喜鹊等留鸟偶尔出来寻找食物。人们封好门窗，生起了炉火，准备好棉衣和棉被，大部分时间都待在温暖的屋里，很少外出，这也算是一种冬眠吧。

立冬，是二十四节气之中的第十九个节气。时间在公历每年11月7日至8日之间，太阳到达黄经225度时。"立"表示冬季自此开始。"冬"是终了的意思，有农作物收割后要收藏起来的含义。立冬后，日照时间逐渐缩短，太阳高度继续偏低。寒风乍起，万木凋零，大地开始封冻，农作物进入越冬期，动物开始冬眠。忙碌的农民进入农闲时节，在立冬这天，要吃些鸡鸭鱼肉进补，犒劳自己一年来的辛苦，有句谚语"立冬补冬，补嘴空"就是最好的比喻。

太阳到达黄经225°

雨雪天气

气温明显下降，降水的形式出现多样化：有雨、雪、雨夹雪、霰、冰粒等。如果遇到较强的冷空气入侵，有暖湿气流呼应，南方地区多出现阴冷雨天，北方地区开始出现初雪。城市里，由于大气中积累的水汽和污染微粒结合凝结后，形成烟雾或是浓雾，影响着人们的健康和交通运行。

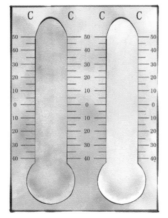

记下立冬这一天的气温吧。

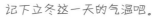

最高气温___℃ 最低气温___℃

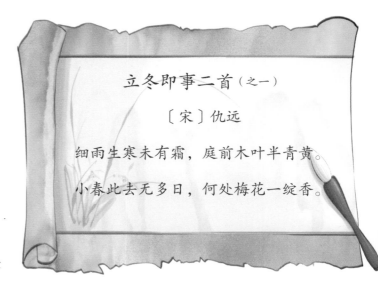

立冬即事二首（之一）

〔宋〕仇远

细雨生寒未有霜，庭前木叶半青黄。

小春此去无多日，何处梅花一绽香。

10

冬　泳

　　现在很多地方在立冬这一天采用冬泳的方式迎接冬天的到来。湖水或河水中含有的丰富矿物质与微量元素、空气中的负氧离子、日光浴中的紫外线对健身都很有益处。当人的身体受到冷水刺激后，全身血液循环和新陈代谢就会加强，所以无论在北方还是南方，冬泳都是一种不错的锻炼方式。

开始结冰

　　北方地区气温下降，尤其到了晚上，会低到 0 摄氏度以下，土地也开始冻结，河面逐渐有薄薄的冰层。而此时的南方却是阴冷的深秋季节，农民忙着抢种晚茬冬麦、抓紧移栽油菜。

立冬三候

一候水始冰，

二候地始冻，

三候雉入大水为蜃。

冬　眠

　　立冬后天气寒冷，食物不足，很多变温动物进入冬眠，比如松鼠、蜗牛、蝙蝠、泥鳅等，它们在巢穴中不吃不喝也不动，长达数月之久，到来年春天才苏醒。一些恒温动物像兔子、喜鹊是不冬眠的，它们的毛到了冬天变得又长又软，十分保暖，所以再冷的天气也能看到它们外出捕食。

兰花开

兰花品种众多，株型修长健美，花色素雅多变，幽香袭人，深受中国人的喜爱。兰花喜阴，立冬前后正是冬寒兰开放的时候。凌寒冒霜开放，已属可贵，而且越冷越香。因此，兰与梅、竹、菊并称四君子。人们常以兰花比喻谦谦君子，借兰花表达纯洁的情谊。

取暖

为了抵御寒冷，北方人早早就密封好门窗，生起了炉火。孩子们穿上了厚厚的棉衣，柔软的新棉花做成的衣服十分保暖。同时，人们为圈栏里铺上了干草，准备了充足的饲料，牛、羊很少外出活动，安闲自在地度过这个冬天。

修剪果树

立冬后，果树停止养分贮存及运输，处于稳定的休眠状态。这时候需要为果树进行修剪整形。剪除一些长垂枝、过密枝、病虫枝和弱小枝，这样可以让果树有充足的透光空间，促进营养吸收，这样到了第二年，果树结的果子才能又好又大。

"小雪不收菜，必定要受害（冻）。"小雪节气后，气温逐渐下降到 0 摄氏度以下，村里人忙着收获地里的蔬菜。北方的冬天寒冷而漫长，为了能在冬季吃上新鲜蔬菜，家家户户都要在地窖里储存一些蔬菜，如大白菜、土豆、萝卜、大葱、红薯等。这些蔬菜可以一直吃到来年开春。

小雪

小雪

小雪，是二十四节气之中的第二十个节气。时间在公历每年11月22日或23日，太阳到达黄经240度时。"小雪"是反映天气现象的节令。北方大部分地区气温下降到0摄氏度以下，开始有小雪天气出现，但降雪量很小，到了白天，气温上升后，雪也就慢慢融化了。南方地区正式进入冬季，呈现初冬景象。

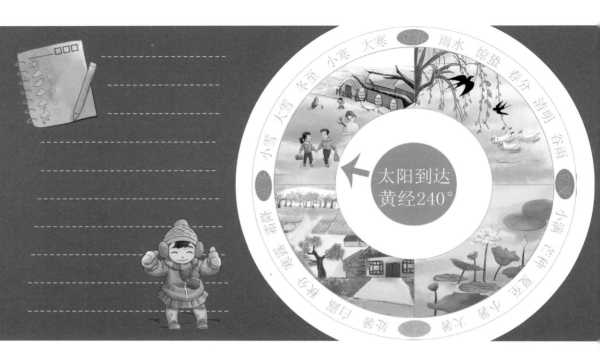

太阳到达黄经240°

防寒保暖

寒冷的西北风成为常客，空气干燥，大地封冻，气温逐渐降到0摄氏度以下。北方有些地区开始降雪，虽然雪量不大，但寒潮和强冷空气活动频繁，所以要注意增添衣服，防寒保暖。特别是阴冷的雨雪天气，更要戴上帽子和手套，免得冻伤。

记下小雪这一天的气温吧。

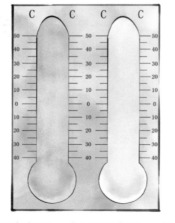

最高气温___℃ 最低气温___℃

小雪十月中

〔唐〕元稹

莫怪虹无影，如今小雪时。
阴阳依上下，寒暑喜分离。
满月光天汉，长风响树枝。
横琴对渌醑，犹自敛愁眉。

水仙花开

水仙喜欢温暖、湿润的环境，很好养活，只要将它的球状鳞茎放在一盆清水中，用石子固定住，勤换水，放在阳光充足的地方就可以了。水仙一般在秋天种植，农历十一月份开花。叶子细长低垂，花朵秀丽，花香扑鼻，清秀典雅，为传统的观赏花卉，深受中国人的喜爱。

培植水仙的过程

1. 买回的鳞茎剥去外皮，竖直放入水盆里。
2. 注入清水，没过根部 2 到 3 厘米。
3. 放在阳光充足、温暖湿润的地方。每天换一次清水。
4. 快开花时，移到阴凉处，可延长花期。

腌　菜

小雪节气后气温急剧下降，天气变得干燥，人们开始忙着制作容易储藏的食物，像腌白菜、腌萝卜、腌黄瓜等，几乎所有的蔬菜都可以腌制，既可以放置很长时间，又可以增进蔬菜风味。适当吃些腌菜，具有助消化、解消油腻、调节脾胃等作用。

腌白菜

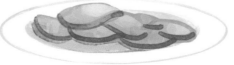

腌萝卜

贮藏蔬菜

北方地区冬天时间长，储存好蔬菜非常重要。收白菜之前一周停止浇水，趁晴天及时采收，并将白菜根部向阳晾晒几天，直到白菜外叶稍微发软。然后，将白菜放入地窖，或用土埋，既不会冻伤，又保持新鲜。其他像土豆、萝卜等蔬菜也可以采用这种方式进行储存。

树木过冬

耐寒的树木，比如杨树、柳树等在根部涂抹白石灰。这样做，一是可以杀死一些害虫和真菌，二是白色可以反射掉一部分太阳光，以免温差太大将树木冻坏。不耐寒的树木，像苹果树之类，可以在其树干绑上草绳或缠上稻草。像月季花之类的花草，可以将其地上部分留20厘米左右，其余剪掉，然后培上土或盖上杂草，这样它们就可以安然过冬了。

白灾

白灾又称"白毛风"，在气象上叫作"吹雪"或"雪暴"。多发生在牧区。它常在狂风暴雪时出现，或多次降雪、地面积雪很深后，再遇上5至6级大风，松散的积雪被卷起，到处白茫茫一片，看不清东西，容易导致牧民和羊群迷失方向，甚至令人畜冻伤，是牧区一大灾害。

大雪

　　早上，妞妞推开窗户，向外一看，"哇！下雪啦！"只见地上、树上、房顶上都披上了一层厚厚的雪毯。妈妈在清扫院子里的积雪，爸爸在为牛羊圈里铺上更多的干草。鸡鸭、麻雀似乎不知道寒冷，在雪地上走来走去寻找食物，留下了一串串可爱的脚印。

　　雪花还在纷纷扬扬地飘着，妞妞和小伙伴们玩起了滚雪球、打雪仗的游戏，快乐得忘记了寒冷。

大雪

大雪，是二十四节气之中的第二十一个节气。时间在公历每年12月7日或8日，太阳到达黄经255度时。大雪和小雪、雨水、谷雨等节气一样，都是直接反映降水的节气。它表示这一时期降大雪的起始时间和雪量程度；大雪节气后，大部分地区的最低气温都降到了0摄氏度以下，开始下大雪，甚至暴雪。

太阳到达黄经255°

瑞雪兆丰年

大雪节气后，多数地区会出现千里冰封、万里雪飘的景象。适时的降雪对农作物十分有益。积雪覆盖大地一是可以保护作物不受寒流侵袭，二是积雪融化还可以增加土壤水分，还有一定的肥田作用，有利于作物春季生长。所以有"今年麦盖三层被，来年枕着馒头睡"的农谚。

记下大雪这一天的气温吧。

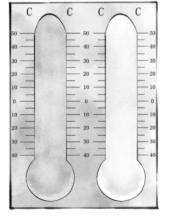

最高气温＿℃ 最低气温＿℃

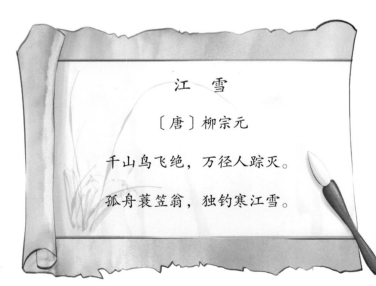

江 雪

〔唐〕柳宗元

千山鸟飞绝，万径人踪灭。

孤舟蓑笠翁，独钓寒江雪。

雪 花

"忽如一夜春风来，千树万树梨花开。"大雪时节，最令人期待的莫过于雪景。从天而降的雪花，翩然生姿，令人欣喜，也让许多文人墨客留下了千古名句。那么，雪花到底是什么样子的呢？它其实是一种六角形的晶体，不管大小如何变化，大都是有规律的六角形，所以古人有"草木之花多五出，独雪花六出"的说法。

树 挂

树挂，又叫银枝、冰花，气象上称为雾凇。树挂不是冰也不是雪，而是空气中过于饱和的水汽遇冷凝结在枝叶上的一种冰晶。只有具备气温很低、水汽又充分这两个重要的自然条件才能形成这一难得的自然奇观。

鹖鴠不鸣

鹖鴠，即寒号鸟。课文《寒号鸟》里写到，寒号鸟在冬天一直叫着"哆啰啰，哆啰啰，寒风冻死我，明天就做窝。"但大雪节气一到，由于天气寒冷，寒号鸟也停止了鸣叫。寒号鸟其实不是鸟，而是一种哺乳类啮齿动物，名字叫鼯鼠。它昼伏夜出，长着四只脚，体型像松鼠，前后肢间生有宽大多毛的飞膜，展开后像翅膀一样，但不会像一般鸟那样飞翔，只能由高处向低处滑行。

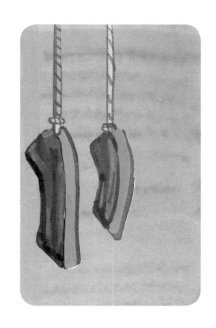

腌 肉

"小雪腌菜，大雪腌肉。"只有在寒冷的冬天才适合腌肉，不会腐坏，又可以长期保存，随吃随取，整个冬天都可以尝到美味。所以，大雪节气一到，家家户户忙着腌制"咸货"，有的还做腊肉、香肠、熏鱼等。腌制加工好之后，挂在朝阳的屋檐下晾晒干，等到春节时正好享受美食。

大雪三候

一候鹖鴠（hé dàn）不鸣，

二候虎始交，

三候荔挺出。

堆雪人

下大雪的时候，最有意思的游戏就是堆雪人了。不过，要想堆的雪人好看，长久不化，气温要够低，雪要下得够大。

首先要先堆起一个雪堆，当作雪人的底座，再滚一个圆圆的大雪球，作为雪人的身体，再滚一个小雪球，作为雪人的身子。然后，就可以发挥想象，为雪人打扮一番，用松果当它的眼睛，胡萝卜当它的鼻子，还可以为它戴上帽子、围巾、手套和太阳眼镜，一个漂亮的雪人就完成了。

打雪仗

打雪仗是孩子们在冬天很喜欢的一种游戏。不管雪下得大还是小，只要有雪就好玩。大家追逐着，伸手抓一把雪，团成小雪球，扔过去，就算打在人身上也不会很疼，反而因为运动让周身温暖，心情愉快。

烤红薯

烤红薯，还有个好听的名字：烤白玉。在农村，有的将红薯埋在未燃尽的火堆里，有的把红薯放在火炉边；过上几个小时，等它变软烤熟之后，把皮剥掉，就可以吃了。冬天，外面冰天雪地，寒风呼啸，一家人围坐在火炉旁吃热乎乎、香喷喷的烤红薯，真是一件惬意的事情。

冬至

汤圆

红豆糯米饭

羊肉粉

荞麦面

冬至这天要吃饺子。据说这一习俗是为了纪念"医圣"张仲景冬至舍药而留下的。张仲景辞官回乡途中，正值冬季，他看到很多乡亲的耳朵都冻伤了，便让弟子把食物和药材切碎，用面包成耳朵的形状，煮熟后，分给前来求药的人，治好了他们的耳朵。所以，直到现在有些地方还流传着"冬至不端饺子碗，冻掉耳朵没人管"的民谣。

北方人冬至吃饺子，而福建吃姜母鸭，台湾吃九层糕，上海吃汤圆。吃的食物不同，但过节的心情却是一样的。

21

冬至

冬至，是二十四节气之中的第二十二个节气。时间在公历每年12月22日或23日，太阳到达黄经270度时。冬至这天，太阳直射地面的位置到达一年的最南端，几乎直射南回归线，是北半球一年中白昼最短的一天，且越往北白昼越短。过了冬至，白天就一天比一天长。冬至俗称"冬节"，既是一个非常重要的节气，也是我国的一个传统节日，北方要吃饺子，而南方则吃汤圆。

太阳到达黄经270°

冬九九

"冬九九"又称"数九"，是我国冬季的一个节气，反映了气温变化的大概情况。从冬至这天开始，第一个九天叫"一九"，第二个九天叫"二九"，依此类推，一直到"九九"，也就是惊蛰，一共九九八十一天。这时，大部分地区已入春，因此有"九九艳阳天"之说。

九九歌

一九二九，不出手；

三九四九，冰上走；

五九六九，沿河看柳；

七九河开，八九雁来；

九九加一九，耕牛遍地走。

记下冬至这一天的气温吧。

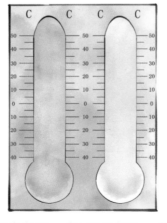

最高气温___℃ 最低气温___℃

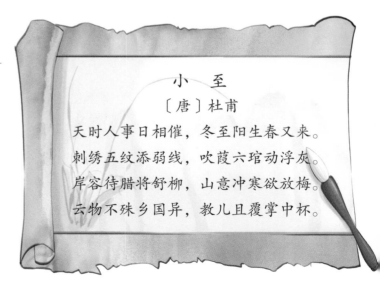

小 至

〔唐〕杜甫

天时人事日相催，冬至阳生春又来。

刺绣五纹添弱线，吹葭六琯动浮灰。

岸容待腊将舒柳，山意冲寒欲放梅。

云物不殊乡国异，教儿且覆掌中杯。

山茶花开

山茶花，又叫曼陀罗，是我国传统的观赏花卉。山茶的叶子厚重而有光泽，一年四季常绿；花瓣近于圆形，颜色有红、白、黄、紫等，亮丽丰盈，端庄高雅，是世界名贵花木之一。山茶花适逢冬至开放，不畏严寒，因此有诗句"唯有山茶殊耐久，独能深月占春风。"

麋角解

麋鹿是世界珍稀动物。因为它的头脸像马、角像鹿、蹄像牛、尾像驴，俗称"四不象"。雄麋鹿的头上长着长长的角，每到冬至，它的角便自然脱落，到第二年夏天才慢慢长出新的来。这与鹿角夏至落冬天长，正好相反。

九九消寒图

寒冷漫长的冬季，古人发明了九九消寒图，既记载气象温度的变化，又可以娱乐消遣。消寒图有文字、圆圈、梅花三种形式。其中，最风雅的自然是梅花式的。

画一枝有九朵梅花的素梅，每朵梅花有九瓣，共计八十一瓣；从冬至那天开始，每天染一瓣，都染完以后，"数九寒天"结束，春天也就到了。

包饺子

冬至这天，家人要团聚在一起包饺子、吃饺子。据说，汉代时的冬至节比现在还要热闹，其重要程度相当于春节，要举办各种庆祝活动。为了区别于后来的春节前夕的"辞岁"，冬节的前一日叫作"添岁"或"亚岁"，表示"年"还没过完，但已经长了一岁。

各地美食

冬至节，各地有不同的饮食风俗，比较普遍的是吃馄饨和饺子。在这天，江南盛行吃汤圆，意味着圆满、团圆；宁夏要喝粉汤、吃羊肉粉汤饺子，不过，在冬至这天，羊肉粉汤有个奇怪的名字，叫"头脑"；浙江人在冬至这天有吃荞麦面的习惯；在我国台湾，冬至这天要用九层糕祭祖，宴请宾客。

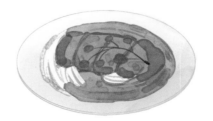

汤　圆　　　　　　　饺　子　　　　　　红豆糯米饭　　　　　　羊肉粉　　　　　　荞麦面

小寒

吃了腊八粥，妞妞跟着爸爸出去看雪景。天气真冷呀，一张口就冒出一串串的白色哈气，可勤劳的喜鹊已经忙着在枝头筑巢了；在一片灰色的树林里，几株淡黄色的蜡梅凌寒绽放，散发出缕缕清香。小狗也丝毫不怕冷，跟着孩子们在雪地上快乐地追逐、奔跑。

小寒

小寒，是二十四节气之中的第二十三个节气。时间在公历每年1月5日至7日之间，太阳到达黄经285度时。小寒节气后开始进入一年中最寒冷的日子，根据我国的气象资料，小寒是气温最低的节气，只有少数年份的大寒气温低于小寒。"小寒"一过，就进入"出门冰上走"的"三九"天了。

太阳到达黄经285°

防寒潮

寒潮又叫寒流，是指北方高纬度的冷空气大规模迅速南下，造成沿途地区急剧降温、大风和雨雪天气，从而引发霜冻、雪灾等灾害，对农业、交通、电力和航海带来极大影响，对人体健康危害也很大，容易引起感冒、哮喘等。所以在这段时间要多关注天气预报，提前做好防寒保暖措施。

记下小寒这一天的气温吧。

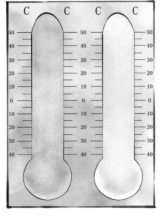

最高气温___℃ 最低气温___℃

小 寒
〔唐〕元稹

小寒连大吕，欢鹊垒新巢。
拾食寻河曲，衔紫绕树梢。
霜鹰近北首，雏雉隐丛茅。
莫怪严凝切，春冬正月交。

喜鹊筑巢

小寒后五日，是一年中最冷的时节，喜鹊却冒着严寒开始筑巢，准备孕育后代。喜鹊筑巢并不是一件简单的事，往往要花上好几个月的时间，不亚于居民自己建一栋小楼房。所以，喜鹊早早就开始做准备了。它们选择居民住宅边的大树上，衔来树枝、草叶、棉絮、羽毛等，慢慢地搭建出一个温暖舒适的小家。

蜡梅花开

蜡梅的"蜡"字，是"虫"字旁，而不是"月"字旁。长久以来，很多人误以为蜡梅是腊月开放，所以将蜡梅写作"腊梅"。其实，蜡梅与梅花没有什么关系，蜡梅大多在冬天开放，而梅花是春天开放。蜡梅花呈蜜蜡色，它的花骨朵儿的质感就像涂了一层蜡，香气又与梅花相似，因此而得名蜡梅。蜡梅花期很长，从深秋到寒冬渐次开放。

腊八节

农历十二月初八是腊八节，民间有喝腊八粥、泡腊八蒜的习俗。所谓腊八粥，就是将红豆、绿豆、花生等八种不同的食材与大米一起放进热水锅里煮，煮熟之后，可加糖或盐，做成不同口味。泡腊八蒜是华北大部分地区的习俗，经过米醋浸泡，蒜变得通体碧绿，醋也有了辣味。春节时就着腊八蒜和醋吃饺子、拌凉菜，味道很好。

制作腊八蒜：

　1. 将大蒜剥皮，装进玻璃瓶里；
　2. 放入冰糖，再倒满米醋；
　3. 盖上盖子密封好；
　4. 慢慢地，泡在醋中的蒜就会变绿。

过 年 歌

过了腊八节，喝了腊八粥，就开始准备迎接新年了。大家忙着里里外外大扫除，赶大集，买春联、贴窗花，蒸馒头、买鸡买肉，过年的气氛越来越浓，就像下面这首《过年歌》里唱的这样。

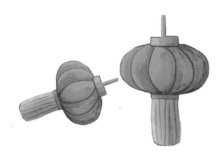

过 年 歌

小孩儿小孩儿你别馋，过了腊八就是年；

腊八粥，喝几天，哩哩啦啦二十三；

二十三，糖瓜粘；二十四，扫房子；二十五，冻豆腐；

二十六，去买肉；二十七，宰公鸡；二十八，把面发；

二十九，蒸馒头；三十晚上熬一宿；初一初二满街走。

冰 车

寒冷的冬天里，冰车是十分有趣的冰上娱乐游戏。冰车制作非常简单，找一块结实的木板，系上一条粗绳子，一个简易冰车就完成了。一人坐在木板上，一人在前面拉着绳子，有的小伙伴在后面推，冰车便在冰面上飞快地滑行。也可以在木板下面钉上两个冰刀，这时用绳子拉动时就跑得更快了。

大寒

　　"二十三，过小年。""二十三，糖瓜粘"，指的就是腊月二十三，又称农历小年，这天要祭灶王、大扫除、吃糖瓜。

　　"二十三，祭罢灶，小孩儿拍手哈哈笑。再过五六天，大年就来到。"过了小年，就正式开始做迎接新年的准备。家家户户都喜气洋洋地赶大集，办年货，还要沐浴理发、清洗锅碗瓢盆、剪窗花写春联，期待除夕大团圆。

大寒

大寒，是二十四节气之中最后一个节气。时间在公历每年1月19日至21日之间，太阳到达黄经300度时。大寒时节，是一年中最冷的时期，低温，风大，地面积雪不化。大寒与小暑、大暑、处暑和小寒一样，都是反映气温变化的节气，表示不同时节的冷热程度。大寒之后，就是农历新年，又将迎来新一年的节气轮回。

太阳到达黄经300°

天寒地冻

大寒节气，常出现大范围雨雪天气和大风降温。虽然俗话说"大寒不如小寒冷"，但全年最低气温仍然出现在大寒节气内，所以，要注意保护牲畜安然过冬，同时，我们外出也要多穿衣物，戴好帽子和手套，以免冻伤。

记下大寒这一天的气温吧。

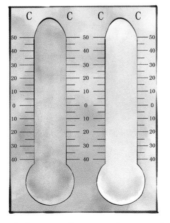

最高气温___℃ 最低气温___℃

苦寒吟
〔唐〕孟郊

天寒色青苍，北风叫枯桑。
厚冰无裂文，短日有冷光。
敲石不得火，壮阴正夺阳。
调苦竟何言，冻吟成此章。

滑 冰

滑冰，又称冰嬉。早在宋代，我国就有了滑冰运动。在大寒节气的最后几天，气温降到零下十几摄氏度，河里的冰一直冻到水中央，这时的冰面最厚最结实，可以尽情地在河上溜冰。所以有谚语说："三九四九冰上走。"

征鸟厉疾

"花木管时令，鸟鸣报农时"，是指花草树木、鸟兽飞禽都是按照季节活动的，因此它们规律性的行动，被看作区分时令节气的重要标志。大寒"二候征鸟厉疾"，就是说老鹰、隼（sǔn）等猛禽，处于捕食能力极强的状态中，盘旋于空中到处寻找食物，以补充身体的能量来抵御严寒。

梅 花 开

梅花通常在寒冷的冬春季节开放，所以与松、竹并称"岁寒三友"。梅树是长寿花卉，可以露天栽培，也很适合在家盆栽，可以养到十年以上。梅花都是先开花，后长叶。花型各异，香气袭人。除了观赏类的花梅，还有结果的果梅。梅子可以做成话梅、梅酒和酸梅汤等。

31

扫房　买年货

春节快到了，大街小巷充满了喜悦与欢乐的气氛。家家户户忙着除旧布新，腌制年肴。将院内院外打扫干净，剪窗花贴春联，赶大集买年货，做灯笼选鞭炮，买新衣新帽，准备打扮一新，欢欢喜喜迎接新年。

过了大寒，又是一年

尽管大寒节气天气寒冷，但这段时光却充满着喜悦、欢乐的气氛。人们怀着对春天的期待，高高兴兴地迎接新年。从腊八节开始，要办年货、扫房、贴春联、放鞭炮、守岁、吃饺子，然后是迎岁——迎来又一个新的春天。

大寒过后就是立春，冬天也即将过去，一年里的二十四节气过完了，新一轮的二十四节气又要开始了。

雪下的冬小麦

"大寒见三白，农人衣食足。"这句谚语是说，大寒时节若能多下雪，滋润土壤，农作物才会丰收，农人们就可以丰衣足食了。皑皑白雪就像一个巨大的白棉被，盖着正在沉睡的冬小麦，等待春天的来临。

涂颜色

请发挥自己的想象，为大树上的图片涂上喜欢的颜色吧。然后，讲一讲每张图片对应的是哪一种节气，有哪些习俗。

33